坦洋工夫

《坦洋工夫》编委会 编

己丑岁
张发坤

海峡出版发行集团｜海峡文艺出版社

图书在版编目(CIP)数据

　　坦洋工夫/《坦洋工夫》编委会编. －福州:海峡文艺
出版社,2023.9
　　ISBN 978-7-5550-3465-0

　　Ⅰ.①坦…　Ⅱ.①坦…　Ⅲ.①红茶－介绍－福安
Ⅳ.①TS971.21

中国国家版本馆 CIP 数据核字(2023)第 172743 号

坦洋工夫

《坦洋工夫》编委会　编

出 版 人　林　滨
责任编辑　蓝铃松
编辑助理　吴飔茉
出版发行　海峡文艺出版社
经　　销　福建新华发行(集团)有限责任公司
社　　址　福州市东水路 76 号 14 层
发 行 部　0591－87536797
印　　刷　福建新华联合印务集团有限公司
厂　　址　福州市晋安区福兴大道 42 号
开　　本　720 毫米×1000 毫米　1/16
字　　数　115 千字
印　　张　10.5　　　　　　　　　插页　1
版　　次　2023 年 9 月第 1 版
印　　次　2023 年 9 月第 1 次印刷
书　　号　ISBN 978-7-5550-3465-0
定　　价　60.00 元

如发现印装质量问题,请寄承印厂调换

健体为其两大显著之功效。因此国人视之为珍品，西方更奉之为至尊，曾令无数欧洲贵族竞折腰，维多利亚女王更为之倾心不已，频频捧之亮相于诸多隆重场合。坦洋工夫屡屡为国争光，一九一五年，其声誉更达到一个历史巅峰：与茅台酒一起荣获巴拿马万国博览会金奖。实乃工夫不负有心人，坦洋工夫亦醉迷天下爱茶人！

子俊敬颂于悠斋
乙丑年初夏夜

坦洋工夫颂

　　工夫者，精心极致也。坦洋工夫乃倾心制作之上品红茶，其原产于坦洋小山村，早已享誉全世界，手工不胜精微繁细，历经分青、萎凋、揉捻、发酵、初焙、拼配、筛分、拣剔、复火提香、再次拼配、归类匀堆工艺，逾越十余关，历练更跨无数秋。始焙于清雍正之初，成香于咸丰年间，可谓精试百余载，凝香一壶春！其条索纤细婀娜，宛若飞燕之身形；其茶色乌黑亮泽，犹若西施之青丝；其香气或桂圆或兰花，芳若香妃；其汤颜亦华丽无双，金黄透亮、艳若贵妃；其滋味更是妙不可言，口感柔和，舌感冰爽，回感至甘入韵。一泡未尽，两腮生津，三杯落肚，身心皆欢畅。其性温婉养颜，其德温厚养胃，美容、

序

张天福

　　如果没有记错，应该是去年大家给我办百岁庆典的时候，平月和我说要策划一本能全面反映坦洋工夫历史文化的书籍。没想到不到一年的时间她就完成了。凡介绍坦洋工夫书籍出了不少，但这样以严谨的态度，通过深入实地探访，收集大量翔实的史料介绍坦洋工夫历史，揭示坦洋工夫品牌的形成过程，同时考证澄清不少误会之处，提出解读坦洋工夫文化的一些新的观点，在我见过的材料中，还没有这么全面的。本书发现了一些大众对坦洋工夫有关问题认识的误会，有所发现就是大有贡献的。同时，本书提出的"坦洋工夫是集体智慧的结晶"的好观点，我认为值得赞许。正如书中指出："坦洋工夫"的形成是历经百年，是几代茶人集体智慧的结晶。这是一个极其重要的历史唯物主义观点。祝贺平月为弘扬坦洋工夫茶文化作出新贡献。

2009年8月23日

目　录

前言

坦　　洋　　工　　夫

没有文化内涵的茶叶，只是一片树叶。

缺乏历史底韵的茶汤，犹如一杯清水。

中国的茶叶，几乎每种都富含文化元素，但很少有一种茶叶能像坦洋工夫这样浓缩着无尽的历史沧桑……

1970年，坦洋村修建新路时，施工队工人从下街一处老宅基下，挖出几十担白花花的银子，现场的人们都傻眼了。

中华人民共和国成立前夕，坦洋村有300多户人家，其中地主多达74户，这个比例，是当时全中国最高的。

从前的坦洋，是一方极其富足的乡土。虽然地处远离都市的山区，一个小小的村落，却应有尽有，但凡城市里所能享受到的奢华，这里几乎都能同步享有，因此这个小山村当年被

◇真武桥全景

称为"小福州"——堪与省会城市媲美。

坦洋的财富，来自茶业，具体地说，是靠坦洋工夫红茶发的家。

这种茶好看又好喝——茶色乌黑亮泽，条形紧实纤细，香气特异，流连于松香、苹果香、桂圆香、兰花香之间，其茶汤金黄透亮，其回味甘美怡人，宛如沐浴春风令舌底舒畅无比，还略带一丝让人惊喜的冰爽……因此连当年英国的维多利亚女王，也为之而倾倒，常在舞会上端着一杯黄金般的坦洋工夫高调亮相，成为万众瞩目的焦点。

◇图中所示的标语墙下，就是当年修路时挖出数十担白银的地方

◇旧影深远，透过门洞看古村

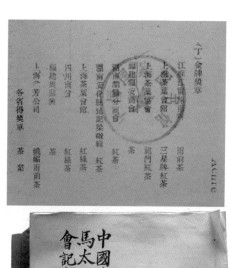

　　自清咸丰年间起，坦洋工夫就大量出口海外，远销东南亚、欧洲各国，外商若想稳拿来年新茶，往往需要事先预付足够的订金给坦洋的茶商。

　　1915年，坦洋工夫在世界的声誉达到了一个前所未有的高度。这年，在美国举行的巴拿马万国博览会上，坦洋工夫与茅台酒，一起登上最高领奖台，一起荣获大会金奖。

　　坦洋工夫造就了坦洋村的辉煌。

　　荣耀的坦洋工夫并非一帆风顺。

当年坦洋茶乡有这样的民谣："国家兴，乌换白；国家败，白换乌。"意即中国国运昌盛的时期，坦洋茶业旺，国人用乌黑亮泽的坦洋工夫从国外换回大量白银；而当国运衰败的年代，茶业萧条，毒品泛滥，洋人就用黑乎乎的鸦片掠走中国的大量白银。

坦洋工夫因为主打出口，其命运与国运紧密相连，简直到了唇齿相依的地步——世道较为安宁的年代，坦洋工夫出口顺畅，如光绪七年（1881），出口量高达7万多箱（每箱70斤）；而每逢时局动荡、外患作祟，坦洋工夫便滞销不前，产量锐减。如今国运昌盛，坦洋工夫又开始复兴，在中国最著名的茶叶市场北京马连道，坦洋工夫的旗帜四处飘扬，很多外国人也慕名而至，有来自英伦三岛的老茶迷、俄罗斯的老茶客、日本的老茶友，还有更多的来自其他国家的新茶友⋯⋯

一杯坦洋工夫茶，一部浓缩近代史！

本书以图文并茂的方式，通过一些历史碎片，如坦洋的老茶行、老家族、老茶人、老建筑、老物件、老茶艺、老风景等，以追忆的方式，试图还原其沧桑一角，在感受其曾经的辉煌与落寞之余，品得坦洋工夫更深沉的韵味。

说到这，有必要附带说明一个关于中国工夫红茶发端与发散的脉络。相关资料表明，作为以"工夫"为卖点的红茶，坦洋工夫当为"工夫红茶"之发端或流源，早在清咸丰、同治年间，坦洋工夫就畅销海外。关于其具体形成过程，本书的第一章将会详细分析。

工夫红茶的畅销，引起了多方人士的高度关注。清同治年间，正值"坦洋工夫"鼎盛之期，安徽黔县人余千臣在福建为官，目睹

工夫红茶畅销多利，于光绪元年（1875）罢官回籍经商，仿照"闽红"制法，以当地茶叶为原料，试制红茶成功，从此开创"祁红"制法。（据《祁门县志》）

民国二十七年（1938），祁门沦陷于日军铁蹄，当时就职于祁门茶叶改良厂的冯绍裘先生，将"祁红"制法带到云南凤庆，以凤山鲜茶为原料制成红茶，命名为"滇红"。（据《滇红史略》）

从这个脉络中，我们不难做出这样的理性推断——坦洋工夫是"工夫红茶"之发端、流源。

百年工夫，峥嵘岁月

坦　洋　工　夫

第一章
创牌历程：百年工夫一杯茶

传说，清雍正年间，坦洋胡氏家族有个叫胡福四的年轻人（即胡桂禹，坦洋胡氏第四世，出生于康熙六十一年，即1722年，他老人家活到70岁，仙逝于1791年），当时依父兄之命，从水路前往广东办事，途中，在广州附近水域遇风翻船落水，幸遇一过往船只搭救。船只的主人是一对母女，是某英商洋行买办的眷属。买办大人见胡福四机灵俊朗，十分赏识，有意相携。他得知这个后生来自茶乡，就透露以商机，说是洋人喜欢一种红茶，这种红茶是由一支少数民族制作的，因为产量极少，英商往往重金都求之不得。这位热心的买办大人，还将这种红茶的基本制作方法告诉给了胡福四，并嘱咐其返乡如法制作，说是如果能做出来，那么做好后可运抵广州，由其洋行销往海

◇坦洋村口

外。胡福四回到坦洋，便依法试制这种红茶，经过一番努力，最初的坦洋工夫红茶从此面世。这种制法后来渐渐传开，乡人竞相仿制。

如果此事真切，坦洋工夫当创始于1740年前后。不过，关于坦洋工夫的出现时间，较公认的观点是1851年。

清咸丰元年（1851），坦洋胡氏家族的"万兴隆"茶行，以"坦洋菜茶"鲜叶为原料，根据武夷贡茶"大红袍"的乌龙茶制法而研制出更成熟的坦洋工夫红茶。

这里面有个内幕故事，说的是胡氏茶商外出做生意，途中在一处客栈遇见一位建宁茶客身患痢疾，那人上吐下泻，病情万分危急。胡氏茶商见状，便以坦洋出产之茶，加生姜、红糖泡冲为药，那人服下之后，病情大为好转，并很快康复。为报答救命之恩，建宁茶客与胡氏结拜为兄弟，并传给他一门独特的私家红茶制法。后

◇《坦洋胡氏族谱》，文中的桂禹，就是胡福四

来胡氏茶商回家后，以坦洋菜茶为原料照法试制，发现制出的新茶品质果然不凡，外人品过，也赞不绝口。

上述两种版本，时间差长达100多年，于是我们难免疑问：坦洋工夫究竟创始于哪个年代？

如果我们对上述两种的叙述方式稍加留意，不难发现，前者故事色彩较浓，而后者更为贴近真实。

第一个版本中，胡福四是根据买办的口头说教(或者还有茶样)，回乡后研发出坦洋工夫茶的，以实事求是的角度出法，仅凭支

◇该图表明，早在清朝坦洋就是茶园遍布的茶乡

言片语或一份样品茶就能复刻成功的可能性较低。

第二个版本里面，既有实际参照物，又有实地拜师学习，更为真切。因为茶作为一种特殊的手工产品，只有拜师学艺，往往才能得到真韵。

对于第一种故事版本的出现，依笔者之见，可能是胡姓后人出于对祖先的崇敬之心。中国人具有特殊的传统，光宗耀祖，彰显祖宗，后辈受益。出于这种心情，如果把后人的功绩算在祖宗的名下，可以理解，毕竟这是一种美好的善意。

即便如此，也不能否定福四公是一个重要的茶人，以及他对坦洋茶业的巨大贡献。第一个故事提到了当年"福四公前往广东办事"这件事，俗话说："无事不登三宝殿。"古代交通不便利，要不是有利可图，谁乐意不辞劳苦、一路奔波、背井离乡去远方？从

◇汤鲜色艳，百年功夫一杯茶

福四公儿子辈后人的宅院规模来看，福四公当年一定留给后人不少家产。胡氏后人胡文墀老人曾对笔者说："你说福四公哪来的这么多钱造大宅？一定是做茶挣来的！"这话笔者坚信不疑。那时坦洋人就有去广东做生意的习惯，做的什么生意？当然是茶叶生意。坦洋周边四处是茶山，靠山吃山，坦洋人做的当然是茶叶生意。为什么要到广东卖茶？因为广东市场大，云集海内外茶商。什么人的钱好赚？当然是洋人。洋人爱喝什么茶？当然是红茶。于是我们可以推断出，福四公可能就是靠产销红茶挣来的巨额家产。不过，福四公做的可能只是一种普通的红茶，而未必就是坦洋工夫。而坦洋工夫之名，源于其以坦洋当地茶叶为原料，且制作工艺颇费工夫，推测于雍正时形成雏形，在咸丰年间成熟。

这期间有个很重要的插曲。在考察中，笔者发现一处王氏家族始建于1840年的老宅，结构完整，具有制作坦洋工夫的明显特征，这表明坦洋工夫早在1840年以前就已经盛产。

一种茶叶新品类的形成，不是一个人能独立做到的，往往需要很多人或几代人的努力才能最终完成。

坦洋茶界人才辈出，生意的竞争必然促进技艺的革新，各自都潜心钻研如何做出好茶，每做出一批好茶，都会相互斗茶，于是，坦洋工夫的基本技术标准就应运而生——茶色要乌黑亮泽，条形要紧实纤细，香型要如同青草，茶汤要金黄透亮，口感要令舌底舒畅，还要略带一丝冰爽，至于汤底茶色，一定得呈现古铜或青铜色。

这个时期有两位著名的人物，他们的名字闪闪发亮——胡开轩、施光凌。

他们在百年后终于将坦洋工夫茶的制作工艺完善成熟，真可谓"百年工夫一杯茶"！

◇坦洋全景

第二章　百年创牌史上的五位重要人物

胡福四（1722—1791），名桂禹，坦洋胡氏家族第四世，排行二，最初的坦洋工夫创始人。

胡开轩（1798—1863），坦洋胡氏家族第八世，坦洋工夫创始人之一。17岁那年，在母亲的扶持下，从事茶业，创办"泰大来"茶庄，因为经营有方，生意兴隆，茶业规模一度做到坦洋最大，其产量一度超过九间"隆"字号茶庄的总和，当时有民谚如此评说："坦洋九条龙（隆），不及一声雷（当地发音中，"泰大来"的"来"字，与"雷"谐音）"。

施光凌（1827—1893），为坦洋施氏家族第七世，坦洋工夫创始人之一，丰泰隆茶行的创办人，咸丰年间（1850）武举人。施光凌对坦洋工夫的另一大贡献，是在这种红茶的推广

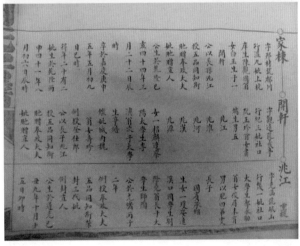

◇《坦洋胡氏族谱》中记载的胡开轩、胡兆江等人概况

◇施光凌塑像

方面，丰泰隆茶行鼎盛时期，其红茶年产量多达3000多担，畅销海内外。

胡兆江（1829—1895），坦洋胡氏家族第九世，胡开轩长子，少年入庠，乡试中举，获"文魁"之功名，与其他四位弟弟（胡兆淮、胡兆河、胡兆汉、胡兆源）齐心协力，携手并进，将"泰大来"茶业推向另一个历史高峰。胡兆江对坦洋工夫的最大贡献，在于制茶技术的创新，如烘焙、分筛、风片、拣枝、去末、纯色及包装的密封、增固等，在制茶工具与工艺流程的革新上，胡兆江也有独到的贡献。

◇坦洋茶业名人吴庭元肖像

吴庭元（1883—1947），又名吴赓俞，原籍福安岭下，其父辈从岭下到坦洋经营茶叶。1903年，时年20岁的吴庭元自立"元记茶行"商号，精制"坦洋工夫"，不久迅速崛起，拥有铺面36间，伙计百余人，茶山4座，精制茶厂1家，拣茶工、制茶师傅两三百人，年产精制"坦洋工夫" 2000多箱，远销英国、俄国等地。他乃当时声名赫赫的大茶商，是坦洋工夫行销海外贡献最大的茶商。

第三章　古巷老物件中的 41 家老字号

不少资料曾说到，鼎盛时期，坦洋街上仅大茶行就有36家，这可能是夸张说法。根据笔者前后三次、历时一个多月在坦洋村的实地探访得到的资料（其中有各大茶业家族后人提供的文字资料、老人记忆、物证），目前共收集到不同年代的茶业商号41个，具体分列如下：

1. 胡系（21家）：万兴隆、胡兴隆、泰大来、胜大来、同泰春、同泰钰、裕大兴、裕大来、裕大春、裕泰来、裕大丰、金济行、福奎行、福茂行、亦和行、振泰兴、裕昌行、隆昌行、建隆兴、冠新春、超大来。

2. 施系（9家）：丰泰隆、亦茂行、永昌堂、文德堂、振昌隆、合来昌、乾记、美记、裕亨盛。

3. 郭系（2家）：木山行、顺天行。

◇胜大来老板胡乾森（胡国楷）

◇胡姓同泰钰茶行的筛茶工具

◇胡姓同泰来茶行的茶叶包装箱

◇小路两旁当年分布着多家胡姓茶行（泰大来、同泰春、同泰钰等）

◇施姓振昌隆茶行乾记茶庄的
加工工具（筛）

4. 王系（3家）：祥生记（王吴合作）、祥记、宜记。

5. 吴系（3家）：祥生记（王吴合作）、生记、元记。

6. 其他（4家）：厚记（詹姓）、瑞兴行（李姓）、金灿行（俞姓）、泰昌盛。

其中的胡姓"万兴隆"，是记载中最早的坦洋茶行。

泰大来茶行。该茶行是由胡开轩创办的。其子胡兆江继承泰大来，其孙子辈又分别创办同泰春、同泰钰、裕大兴、裕大来、胜大来，再后来还有金济行等。

福奎行。胡姓的福奎行，后来派生出振泰兴。

施家的振昌隆、合来昌、乾记、美记，后来几乎被人忘得一干二净，最近刚刚得到物证，是从新翻出的老物件中得到的。

◇坦洋现存最完整的茶行——丰泰隆茶行

祥生记。该字号是由王家与吴家合作的茶行，后来两家分开，王家做祥记，吴家做生记。祥记后来是宜记。生记后来是元记。

裕大丰。据胡氏后人胡文墀先生提供的资料，裕大丰为坦洋胡氏家族第十世后人胡有机创办。另有文章称，据民国二十二年（1933）版的《坦洋施氏族谱》，裕大丰为施氏家族施镜波创办（施镜波为施光凌之子）。而从坦洋茶业史上的情况上看，裕字开头的茶行，多为胡姓人所开，如裕大兴、裕大来、裕大春、裕泰来、裕昌行，因此依笔者了解，裕大丰应是胡姓人家所开。

◇王姓祥记茶行加工工具

超大来。此为一小户胡姓人家开的一家小茶行，据说主人心气颇高，一心想超过前辈大茶行"泰大来""胜大来"，故起此名。

泰昌盛。据说由胡姓茶商始创于清咸丰年间，后一度歇业。19世纪40年代末胡姓茶商与坦洋其他家族茶商联手重新成立"福安坦洋泰昌盛联合制茶厂"，20世纪50年代初，该商号名扬一时，为坦洋工夫的出口做出卓越贡献。

第四章

旧闻中的五大茶业家族

坦洋工夫，在历史上出现过五大家族。

1. 胡氏家族

在坦洋，胡氏家族人口最多，祖辈做茶的也最多。目前有处可查的，共出现过17个商号。"万兴隆"茶行是这支氏族有迹可循的第一家茶庄。做得最大的茶庄是"泰大来"，最有名的人物是胡福四，他是传说的坦洋工夫创始人。胡姓最成功的茶商是胡开轩、胡兆江父子。近代胡氏家族最具传奇色彩的人物是胡金济，他是个民主人士，曾多次救坦洋免于危难。

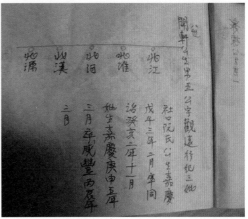

◇胡氏胜大来老板胡乾森之孙胡文常

2. 施氏家族

施氏家族史可查到的茶庄行，目前
有8家，丰泰隆茶行是这个家族有史可查
的第一个茶业商号。氏族中最杰出的茶
人有两位，第一位就是大名鼎鼎的施光
凌，第二位是施光凌的曾孙施福隆（即
施作潘）。施福隆（1908—1978），曾
任福安茶厂（总厂）总评审师。20世纪
50年代，厂里有一批红茶要赶着出口国
外，出厂前，厂里对这批茶的品质拿不
定主意，一时不敢放行，厂长特让经验

◇施氏施光凌

丰富的施福隆拿出意见，做事极其认真的施福隆，经过一夜的反复品审，最终认定这批茶没问题，这批茶终于成功出口，无任何不良反馈。此事一时成为茶界美谈。

3. 吴氏家族

吴氏家族来自坦洋附近的岭下村。岭下人吴步云是那一代茶人的佼佼者，其为人宽厚，机敏过人，奔走闽粤，与洋人做茶叶生意，船装舶运，贩茶巨万，"不数年大获奇赢"。后来吴步云与弟弟吴步升一起到坦洋与当地的王氏家族一起合作经营"祥生记"，分家后，吴氏家族分了个"生记"。后来，吴步升的儿子吴庭元创建了"元记"，该茶行鼎盛时，年产精制坦洋工夫2000多件（200多吨），远销英国、俄国。吴庭元也因此成为当时福建有名的茶叶巨商。当年吴庭元还在自家大院旁建起一幢两层高小洋楼，专门用于接待茶商。有一年，一位俄国茶商在吴庭元的陪同下，从福州来到坦洋考察茶情。坦洋工夫虽然很有名，但地方实在太小，为了不让外国人小看，吴庭元就把客人安排进小洋楼，并让翻译贴身作陪，足不出户，只在院里闲逛，自己则借故躲开。直到三四天后，客人临走，他这才露面，带着俄国人在热闹的街上瞎逛片刻，还说："这里只是坦洋的前街，你赶路要紧，下次有机会我再陪你玩遍后街。"几句话，把俄国人蒙得云里雾中。这段趣事，至今还被坦洋人津津乐道。

◇吴庭元全家合影。前排左五为吴庭元，左四为吴原配夫人，夫人怀中的小孩为吴润泉，后左三为吴庭元女婿高诚学（时任福安县长）

4.王氏家族

坦洋现存最完整的民居建筑群王家大院，当年就是茶业世家王氏家族的产业，这个建筑群的非凡规模，佐证了王家茶业的巨大实力。与坦洋胡氏家族、施氏家族一样，王氏家族也是坦洋最早的制茶家族之一。目前可查的王家最早的茶庄，叫"祥生记"，不过这是与吴家合开的。后来王、吴二家分开经营，王家接下来的茶行取号为"祥记"，过了两代，王家后人又开了个"宜记"茶行。王家最早做坦洋工夫的叫王正卿，又名王家财。他才智过人，善于经营，大约1840年入行，短短几年便成为一方巨商，为坦洋工夫的发展作出杰出的贡献，堪称坦洋创造人之一。

◇王氏王家大院一景

5. 郭氏家族

据坦洋茶业世家王氏家族后人王隆生回忆，他记得年幼时坦洋的郭氏家族做茶做得比王家还大。后来郭家出事了，事情是这样的：民国十八年（1929），山匪前来坦洋村"派项"勒索，郭氏家族的郭维雄负责与土匪周旋，后因谈判未果，上街多家茶行遭匪焚，郭维雄亦遭人诬陷与匪勾结，而蒙冤入狱，在福安县城被枪毙。此事对郭家的打击很大，郭家从此消沉，逐渐淡出坦洋。郭家还出过一个名人，叫郭虚中，当年留学国外时，曾与邓小平有过同窗之谊。

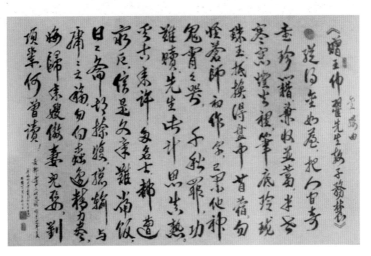

◇郭氏后人郭虚中诗文

◇坦洋四大茶业家族后人合影。从左至右分别为：吴润民（吴氏吴庭元次孙）、施继康（施氏施光凌重孙）、胡文墀（胡氏胡开轩重孙）、王隆生（王氏祥记茶行后人）、胡启如（胡氏后人）、吴润泉（吴氏吴庭元长孙）

第 五 章

吴庭元与『元记茶行』的峥嵘岁月

在波澜壮阔的"坦洋工夫"发展历程中，茶人辈出、茶商众多、茶号盛行。坦洋吴氏茶业家族的杰出代表吴庭元，因时乘势，创办"元记茶行"，迅速崛起，成为"闽省有名的茶叶巨商"，在"坦洋工夫"的发展史上写下了浓墨重彩的一笔。

1. 年少赓祖业，声名驰闽省

明末清初，坦洋桂香茶行销各地。19世纪初，吴氏家族从谷岭（今晓阳镇岭下村）迁居坦洋。有一天，吴步云偶然听到两个外地客商商量次日到他的老家谷岭订购茶叶。吴步云觉得这是一个绝好的商机，他连夜赶回谷岭，召集家里的6个弟弟（按排行分别是吴步升、

君吴姓諱少雲字宜堂其諱玉堂父諱寿政大夫斯聰穎弱冠英譽過人父母不欲冒業聞外夷通茶而君廪食田圖尢拓倍蓰此可以尤君之歟教廪居棠農長厚有隱德母夔太宜人育子七君其家嗣也君生而歧嶷英譽過人父母不欲冒業也幹學計然術屯積廪居即收利市既而闊嶼外夷通茶而君廪食田圖尢拓倍蓰此奇能居而君廪含田圖尢治家勤約君恪守遺訓才略夷君贈公素力田治家勤約君恪守遺訓太宜人奇諱大業居恒辛卅無敢寄僑如暴俟姑奇能居而君廪含田圖尢拓倍蓰此君尊辛卅洗典奉偕如一門諸弟佳康不憂海強不靖軍署肫眷愛如此光諸甲中之懥海強不靖軍署孟君敷然賙助遠延論姑之進必同知保

◇清翰林院庶吉士宋瞻宸为吴
步云撰写的墓志铭，现收录于福安
岭下村《谷岭吴氏宗谱》中，内容
记载了吴氏家族最早经营茶叶一事

◇宁德、罗源交界处"重建五
福亭"碑文

吴步勋、吴步扬、吴步滋、吴步衢、吴步洲），安排他们到附近各村预订所有茶叶。第二天，两名客商到谷岭等附近村庄购茶时，被告知，所有茶叶均被谷岭吴氏所预购。在吴步云的引领下，吴氏家族开始涉足茶行业，并开创了务茶祖业。清咸丰元年（1851），建宁（今武夷山）茶客将红茶制法传入坦洋村，经试制红茶成功，在工艺上作了改进，命名为"坦洋工夫"，以区别于"崇安小种"红茶，投入市场后大受欢迎。1866年，闽省当局在坦洋村设立茶税局，福安也因此成为当时福宁府最早实行茶税征收制度的县份。从此，"茶税之征输于中夏，商贸之利施及西洋"。1881年，坦洋工夫产量创下新高，坦洋村共产茶5万箱，每箱72斤，计3.75万担，产值100万大洋。坦洋工夫创牌成功及其繁荣昌盛，把坦洋茶业发展到一个新的高度，坦洋村成为闽东茶叶集散地。

这一时期，坦洋村里经营茶叶生意的家族有10多个，其中胡、施、吴、王、郭五大茶业家族规模和影响最大，他们不仅都参与了坦洋工夫品牌的创建，而且为坦洋工夫的发展作出了不俗贡献，并涌现出一批茶叶富商及著名的茶商号。当时的坦洋茶业家族在生意场上既相互竞争，又互帮互助。王氏家族的王正卿与吴氏家族的吴步云开始经营茶业时，两家就合作经营，共创"祥生记"茶庄，并由此结下深厚有情。后来"祥""生"分开，30岁的吴步云独掌"生记"茶庄，但两人情义不减。还在霞浦盐田西胜营造"双合墓"，身后同葬一处，共守青山，在福安留下良好口碑。

吴氏茶业家族兄弟7人，以吴步云、吴步升最为突出。吴步云（1826—1891），族谱原名为"吴步森"，是坦洋红茶从创制走向兴盛第一代茶人的代表性人物。他为人宽仁机敏、精明干练，有心将坦洋工夫做大做强，为此奔走于闽粤之间，直接与洋人做茶叶生意，贩茶巨万，"不数年大获奇赢"。吴步云不但在老家谷岭建有二厂（茶厂、装厢厂）四宅，在坦洋村也建有豪宅、精制厂各1座，茶行七八间，而且沿长溪南下，在溪柄、赛岐、下白石等市镇购置产业，还在闽东其他地方多处设立茶行，以便于茶叶中转后运往福州、广州等地，并经香港与外国进行贸易。

吴步云勤约治家，关注国运，1884年中法战争爆发，海疆不靖，军需告及，其疏财助边，获朝廷嘉奖，被封为同知候补。他"为人慷慨，乐襄善举，所至津梁道路，割厚赀以倡修者不可枚数"。1879年与宁德、福安、寿宁三县茶商一起捐资重修飞鸾岭路。吴步云曾经雨行罗源、连江，路险难行，便投银圆20担整修。吴步云还曾出资修通晓阳往福安城关的咽喉要道岭头亭，捐资千块银圆遍种松杉，保护水土，深受乡里乡亲好评。

除了吴步云，吴氏兄弟中排行第七的吴步洲也是福安茶界的一位名人，1910年吴步洲牵头成立了"福安茶业研究会"，该会立有会规15条，提倡改进传统制茶工艺技术，为福安茶业研究之始，也是福建省最早提倡改进茶叶的地方茶业团体，对当时茶叶纠正弊端和促进发展起了积极的推动作用。

吴庭元（1883—1947），字赓俞，吴步升长子，精读《指明算法》，年少即展露出不俗的经商天赋。清光绪二十九年（1903），20岁的吴庭元接手父辈创下的茶叶祖业。他深受伯父吴步云的影响，更继承了父辈们的精明，思想开放，富有近代经营理念。此时正值坦洋工夫茶市红火，吴庭元抓住这一时机，在坦洋开办"元记茶行"，精制坦洋工夫红茶；在福州开设英国执照茶行，专门接洽洋行和外商；在香江之畔注册中英文"元记"商标，用自己头像作标识，凡"元记茶行"茶品都会贴上中英文"元记"商标。一连串独到的营销手段，一时传为佳话。厚实的祖业、优良的家族风气和精明的经营头脑，让"元记茶行"脱颖而出，茶叶远销英国、俄国等地。吴庭元年少得志，一时被业界称为"闽东茶界翘楚""闽省有名的茶叶巨商"，成为坦洋吴氏茶业家族的又一个代表性人物。

2. 坦洋办"元记"，产业甲一方

"1903年，开埠第五年的三都澳福海关迎来了第一次实现贸易额和税收额双丰收的一年，福海关进出口货物净总值达到195.91万海关两，其中出口茶叶为191.93万海关两。"这一年，吴庭元趁着国内外茶叶贸易的兴旺势头，打出"元记茶行"商号。他以老家岭下村为"根据地"，收购农民的初制干茶；在坦洋村办起精制厂，购置先进的生产设备；创办坦洋裕民农场，开辟占地400多亩的茶山、扩张铺面，大量雇佣采茶、拣茶、制茶等生产环节的工人。在吴庭元的精心经营下，元记茶行迅速崛起，成为当时坦洋乃至福安茶叶产业中规模最大的一家茶行。据记载，坦洋村当时就有茶行（茶庄）36家，雇佣茶工达1000多人，年产茶叶两万多担。元记茶行吴赓俞，厂房和店面有20多间，雇佣茶工200多人，每年加工精茶2000多件（约1000担），可获利润大洋上万元。鼎盛时，位于

◇《"元甲一方"图》：画面由吴氏家族五座"兴"字大厝、街头"元记茶行"36间铺面，以及象征坦洋村财富的炮楼为主体构成，代表坦洋吴氏家族通过经营茶行富甲一方

坦洋茶行街头第一家的"元记茶行"，由3座房屋组成，共有铺面36间，开辟茶山4座，建有精制厂1家，年产精制坦洋工夫干茶2000多件（合1000多担），远销英、俄、东南亚等地，提利润可获5万银圆。要完成这样的生产规模，元记茶行每年都得雇佣采茶工、拣茶工、制茶师、店员300—400人。按现在的说法，元记茶行在帮助茶区茶农就业方面发挥了重要作用。据传，当时男人们除了下田种地，就是争着到元记茶行的商铺或作坊打工，女人们则在茶行当拣茶工，实实在在地赚些银圆过日子。在茶季最繁忙的季节，元记茶行还会雇外地人帮工，村里住不下，这些外地人就在村旁的山脚搭起草寮栖居。采茶、拣茶、制茶，各个生产环节雇工多了，便需要小额银币支付，但当时小额银币流通量不足，于是吴庭元等茶商开始各自发行小额"茶银票"，用于支付雇工的工资。最能体现吴庭元家大业大的，则要属发放"茶银"一事，相关资料记载，吴庭元每年回岭下村发放"茶银"时，需要70多人挑着140多桶（每桶装1000块）银圆，一路长蛇阵，从坦洋挑到岭下村，发给当地农民。岭下村的庄稼大户们见到这么多白花花的银子，纷纷感慨说："我们冬天挖的番薯还没这么多哩！"

这个时期，元记茶行创立了商号、商标和茶银票，开始成熟的公司化运营，从发放银票、收购茶青、精制出厂到售后服务，形成完整的营销链条。经营"坦洋工夫"赚取大量财富的吴庭元，很快跻身闽省商圈的"茶叶巨商"行列。富甲一方的吴庭元在坦洋上街临街的茶行后建起吴家大院，由5座连环大厝组成一个院落，分别称为一仙堂、二仙堂、三仙堂、四仙堂、五仙堂。

◇陈鸣銮《福建福安茶业》（1935 年编印）"茶号"一栏记载吴庭元"元记"茶号

每一座"仙堂"都是"六扇八廊庑"制式（即各有6间堂屋和8间厢房），按二进二托二天井五开间双侧屋的格局建造，再设计有宽敞的天井、大厅、回廊、鱼池、花坛等，壮观气派。大厝大厅可排列10桌酒席，雕梁画栋、古色古香，大门前建有供达官贵人、富豪商贾下马、下轿遮阳挡雨用的"门头亭"（亦称"下轿亭"）。大厝楼下为居家住屋，楼上是茶庄工场，这种亦工亦商亦居屋的格局，是坦洋宅院式民居的代表，足以见证吴氏家族当时的实力和地位。民国十八年（1929），一批山匪来到坦洋村勒索，与村民代表谈判无果后，放火烧村泄愤。这场大火烧毁了42座大宅院，位于坦洋村上街、当时皆以木质结构为主的吴家大院，也未能幸免于难。大火过后，吴氏家族在坦洋村尚存2座大房子，1座是吴步云、吴步升兄弟手上所建的祖屋，1座是吴庭元创业初期所建。而今，这两座老房子尚有人住，只是年久少修。另外还有1座小洋楼，也为大火所

◇标有"元记"商号、当年用来运销茶叶的茶箱

伤，经吴庭元修葺，曾焕然如初，后被拆，在原址建2栋水泥红砖房，而今竟完全辨不出当年景象。

"坦洋工夫"富了吴庭元，也富了坦洋村。据史料记载，自清光绪六年（1881）至民国二十五年（1936）的50多年间，福安县年均出口茶叶500吨，"坦洋工夫"则年均出口100多吨。有一首民谣这样传唱："茶季到，千家闹，茶袋铺路当床倒。街灯十里亮天光，戏班连台唱通宵。上街过下街，新衣断线头，白银用斗量，船泊清凤桥。"时值好光景，坦洋村从上桥头的"元记茶行"一直到蜈蚣桥，完完整整地形成了一条茶行街。"元记茶行"位于街头第一家，铺面临街，房内有宽敞的天井、厅堂和两边厢房，楼层或二三层，也有四层的，底层专门收购茶叶，二层为精制茶作坊，三层做仓库，四层则是雇工宿舍。一律的通间木结构，三面三合土墙，一面店门板。为防火防盗，门皆包铁皮，内衬巴掌大的竹叶。

坦洋村时有茶商老板70多家。村强

◇炮楼远景

民富，自然招来匪患。为了保坦洋平安，吴庭元与其他茶行老板出资出力组织村民自卫，筑起一道10多里的城墙，每道栅栏门都建有四方形的炮楼，12座炮楼环绕村庄周围。村里武装自卫队人数最多时达360多人。

3. 福州开"元记"，工夫魁万国

1851年前，福州口岸虽然开放，但清政府禁止闽茶从海路出口。1854年，清政府开放福州口岸茶叶贸易。1861年，闽海关新关正式成立，"坦洋工夫"借机水陆并进，输往福州口岸。坦洋因与福州口岸一水相连，得滨海交通之便利，坦洋工夫红茶从坦洋村

◇《"元魁万国"图》：1915年，"福安商会茶"（坦洋工夫）在旧金山"巴拿马万国博览会"上荣获金奖。捷报传来，人们燃放鞭炮、载歌载舞，庆祝万国夺魁

真武桥下启运，到赛岐31海里，朝发夕至；赛岐到马尾98海里，再过驳大船运往福州口岸，一潮可达。1899年，清政府在三都岛设立福海关，三都港到马尾的航线距离仅74海里，按当时航速计，6个小时即可到达。1918年，福安实业家王泰和开辟了三都至福州的航线，之后，福安茶商合资成立"福寿轮船公司"，茶叶从赛岐经三都福海关报税后，可直达福州口岸。

19世纪70年代，英商转头发展殖民地茶业，在国际市场上排挤中国茶；19世纪80年代，坦洋工夫也因为繁重的关税和运输费用，被迫收缩国际市场；至1902年，中国茶出口萎缩，仅占世界茶叶市场总量的6.5%。与中欧贸易联系疏远相对应的，是中俄贸易联系的加强。特别是1905年，西伯利亚大铁路全线贯通，1908年，俄罗斯茶商第一次大批采购"坦洋工夫"红茶，开启了坦洋茶进入俄国市场的历程。坦洋茶从福州口岸海运到大连或海参崴（现俄称"符拉迪沃斯托克"），再经西伯利亚铁路运输到俄国和欧洲。据统计，1880—1914年间，中国输往俄国的茶叶增加了近2倍，占中国全部出口茶叶的一半以上，中国茶业对俄国市场的依赖程度进一步加深。

看到坦洋工夫在福州口岸异军突起，为把茶叶生意做大，吴庭元选择在福州口岸开设茶行。据记载，清至民国时期，闽东茶叶的销售都是由私营茶行掌握，当地茶商只是代加工性质，销售权操纵在洋行和大资本茶行手里，仅有福安坦洋吴赓俞的元记茶行等少数当地有资本的茶行，摆脱了外来茶行的控制，将加工生产的茶叶直接运往上海、福州、营口、天津、香港等地销售。吴庭元的元记茶行采用先付银圆后给茶叶的交易方式。每年二月初二，吴庭元乘船从坦洋出发，赶往福州的茶行茶庄，向老客户收取茶银定金，等到当年春末秋后，再给客商发去一船船坦洋工夫茶。那时，银圆是用桶装的，每千块银圆装一桶。几十担茶银用船运送，进入黄崎港后，沿长溪逆流而上，直达社口溪口码头，再雇挑夫从陆路挑回坦洋。据传，吴庭元将收取的茶银第一次运回时，一队挑夫挑着银圆桶，穿过热闹的坦洋街，迎着的都是一张张喜悦的笑脸，听到的都是"吱呀"的扁担声与"啧啧"的称赞声。而在吴家大院里，吴庭元的老母亲看到那一桶桶白花花的银圆，还以为儿子当了劫匪，吓得心跳都快没了。福州的元记茶行开设在苍霞洲英租界，挂英国人的牌照，专门负责接洽洋行和外商。为对接好福州茶行业务，吴庭元在吴家大院旁建起一栋小洋楼，专门接待从福州带回的外地茶商。小洋楼二层土木建筑，红漆门窗，半圆彩色玻璃，旋转楼梯，扶手雕花。后院还有橘园，可远眺坦洋茶山。吴庭元去世前，曾留下遗嘱，这座小洋楼由女儿杨坚（吴庭元与第二任妻子杨云英所生，原名杨桂珠，后由高诚学改名"杨坚"）继承。杨坚同父异母的兄弟写信给杨坚，告知遗嘱内容，并表示完全遵照遗嘱执行。杨坚复信也表达了对父亲真情厚谊的感激，但请求将小洋楼转赠吴庭元的第三任妻子刘榕。

1910年，元记茶行与俄罗斯客商签下一笔50吨的坦洋工夫红茶的订单，曾经叫许多同行瞠目结舌，至今依然在茶界传为佳话。要知道当时坦洋工夫年均出口量也才100多吨，吴庭元一笔订单即占据半壁江山。这一单生意让吴庭元与元记茶行的声名远播南洋，吴庭元乘势将茶叶生意重心从坦洋转到福州，此后便长住福州苍霞洲。

1915年是坦洋工夫乃至福建茶叶发展史上值得浓墨重彩书写的一年。史料记载，1915年2月20日，在美国旧金山召开的"巴拿马太平洋万国博览会"上，由福建实业厅选送的福安商会茶（坦洋工夫茶）获金奖。坦洋工夫，一举奠定了世界名茶的地位。当年，经过三都澳出口的红茶总量达到7.24万担。此项殊荣，是福安茶人群体的荣誉，福安茶界为此极为振奋，但关于选送参展茶的出处却另见不同声音和说法。相关资料多见"在吴庭元担任福安商会会长期间，福安商会茶（坦洋工夫茶）在万国博览会上夺魁"这类描述，也有坦洋吴氏后人忆述，按照吴庭元那时的经营规模和实力，当年荣获巴拿马万国博览会金奖的坦洋工夫红茶，就出自元记茶行。因时间久远，事实已无法考证。这一说法主要来自杨坚女士《典藏元记茶行》一文以及高瞻女士（吴庭元外孙女、杨坚与高诚学之女）《民国县长高诚学》一书，两处均有吴庭元"1914年，任福安县商会会长，此后便长住福州经商"之述。从描述来看，彼时吴庭元担任的很有可能是"福州福安商会会长"的职务。

4. 香江注"元记"，品牌国际化

为进一步开拓海外市场，1907年，吴庭元用自己的头像作标识注册商标，每件出自元记茶行的茶叶产品，都会放置一张注有中英两种文字的"元记"商标。这是福建省茶界在香港注册的第一个商标，这样的营销手段，开启福建省茶叶外贸品牌化、国际化营销之先河，象征着坦洋茶人敢为天下先的奋进精神。坦洋工夫茶通过元

◇《"元妃芳华"图》：画面主体的小洋楼，是吴庭元专门接待外商的私人会所，也是坦洋第一座中西结合建筑。小洋楼后由其女儿杨坚转赠给其第三任妻子刘榕。一座小楼既代表着元记的鼎盛，也记录了女主人的岁月芳华

记茶行，经香港运往世界各地，远销英国、东南亚、西欧、俄罗斯等地，"元记"商标也随坦洋工夫行销海外而名扬世界。

1894年的《闽海关年度贸易报告》显示："板洋（'坦洋'别名）和邵武地区出产的、价格低廉而又有泡头的工夫茶是值得购买的好茶，买主也会从中获利，特别是在伦敦，它们成了印度和锡兰茶叶的劲敌。"1915年，坦洋工夫在巴拿马太平洋万国博览会上荣膺金奖，一度进入英国王室成为特供茶，每年赚取外汇百万余元，开创了闽红乃至中国红茶的新纪元。据载，1881年至1936年间，坦洋工夫每年出口上万担，远销荷、英、法、日和东南亚等20多个国家和地区，铸就了中国红茶半个多世纪的辉煌。有了"英国王室特供茶"的加持，坦洋工夫茶在香港也一度风靡。据统计，1939年度福安新销香港的红茶达53300件（1332.5吨），其中坦洋工夫51000件，在港销各类新闽茶中遥遥领先。在当年香港一家茶行发布的"鸡尾茶"海报中，我们赫然发现其中标有"坦洋红茶"产品。"鸡尾茶"也就是调和茶，是英国人冬天热衷的茶饮，尤其是女茶客，近代至民国时期在香港等大都市曾一度极为流行。

吴庭元的事业主要在坦洋之外的福州和香港。1938年2月，吴庭元到香港处理业务，离开福州比较长时间，女儿杨坚与高诚学（即任民国福安县长）在福州完婚。不久，吴庭元处理完香港的业务返回福州，以每年300担稻谷的田租，洋楼、花园各1座，置地1块，作为陪嫁。

坦洋工夫发展历程也并非一帆风顺。受第一次世界大战影响，坦洋工夫贸易跌落，据1921年三都澳福海关统计，全年仅出口茶叶

4622担,不及1915年的6.4%。1922年,欧洲逐渐从战后的重建中恢复元气,坦洋工夫迎来又一个黄金期。抗日战争全面爆发后,为广拓国际贸易,换取外汇,中国政府实行茶叶管控,推行茶政改革。1938年5月,厦门沦陷,福州吃紧,为保证茶叶外贸的安全,福建当局决定将全部闽茶运往香港进行贸易,从赛岐码头起运的北路茶一律迳运香港。这一年外销闽茶近10万件(2482吨),其中福安茶45360件(1134吨),近占全部外销闽茶的37%。1939年,外销闽茶增加到18.33万件(4582吨),其中福安茶5.1万件(1273吨),占近1/3。

5. 仁义铸"元记",乐善高风远

"吴步云的人生对其弟步升和侄子庭元产生很大的影响。"吴庭元与他们的父辈一样,虽然家业大成,富甲一方,但内心存

◇吴庭元第三任妻子刘榕,20世纪50年代初被迫改嫁,坎坷大半生,留影时已93岁

仁,行事循义。村富引来匪患扰袭,他带头组织村民自卫,捐资出力;产业做大了,他不忘帮衬乡里乡亲,元记茶行寄托着茶区茶农打工就业的希望,在那里可以实实在在赚些银圆过日子。何以报德?以德报德。坦洋村里至今还流传着"赓俞订瓦,反收订金"的佳话。1934年,吴庭元已到知天命之年,坦洋茶行街最红

◇《"元善高风"图》：吴氏家族世代乐善好施，吴庭元父辈被清廷授予同知候补，画中以"旌善楼"赞颂其善行善举

火的铺面元记茶行突遭大火，全部被焚。吴庭元陷入困境，又心有不甘，想重建元记茶行。他到村里瓦匠家订购瓦片，瓦匠不仅未收取货款，还给他捧来一把银圆，对他说："吴老，这些钱不多，您先拿着，等来年茶银发放时再还吧。"乡人对他的信任，给了吴庭元重振雄风的信心。

"吴庭元虽然身家巨富，但对进步力量却非常认同。"据吴氏后人回忆，吴庭元曾冒险出巨资资助过一支游击队，秘密为他们提供枪支、弹药。1934年，这支队伍遭国民党军队围追堵截，撤退至偏僻的晓阳芹元坪一带。为寻求补给以渡过难关，游击队员来到了坦洋村里，却失手在上街桥畔引燃大火，殃及毗邻的元记茶行，茶行资产尽遭焚毁。得知这场大火后，这支游击队伍的首领派人送来了亲笔书信，信中写道："你的茶行被误烧，待日后双倍价格补偿。"信上不仅有首领的签名，还盖有队伍组织的四方大印。吴氏后人把这封书信夹藏在古医书里保管，后来这一珍贵的信物在动荡的岁月里灰飞烟灭。

而吴庭元的另一段义举则造就了吴庭元与第二任妻子杨云英的爱情故事。吴庭元一生娶了三任妻子。第一任妻子谢鳞姿，为坦洋当地人。第二任妻子杨云英，吴庭元在收留杨氏母女避难的过程中，爱上了芳华绝代的杨云英，并成功迎娶美人归。杨云英去世后，吴庭元娶第三任妻子刘榕，福州人氏，美丽善良又达礼知义。她与杨坚见面很少，又是继母，但二人关系融洽，杨坚亲切地称呼继母刘榕为"榕姨"，并曾把父亲遗嘱中赠予她的小洋楼转赠"榕姨"。吴庭元去世后，家遭变故，刘榕毅然挺身而出，选择改嫁，为家人渡过危机。刘榕虽为女性，尤有大义，坎坷半生，晚年高寿。

在这三次婚姻中，吴庭元与第二任妻子杨云英的爱情故事最具英雄救美、佳人报恩的传奇色彩。民国初期的一天，在福州苍霞洲的元记茶行中，吴庭元接待了两位前来避难的女性，风尘仆仆却依然掩藏不住二人的气质。她们是杨正国（曾任民国厦门警察署署长）的夫人林秀钦和女儿杨云英。因杨正国追随孙中山革命，被当局通缉，她们只能亡命他乡。吴庭元的元记茶行挂英国人的牌照，当局缉捕人员不敢随意闯入，林秀钦和杨云英母女二人避难于此，不仅安全得以保障，还得到吴庭元的殷勤款待。女儿杨云英，十五六岁模样，天生丽质，芳华正茂，犹如出水芙蓉，光彩照人。且谈吐优雅，秀外慧中，不仅是福州女子职业中学的高才生，也是一个深受"五四"新文化思想洗礼的新时代女性，被称为当时福建"三大美女"之一。杨云英喜好文学书法，擅长填词作赋，能诗善咏。福州苍霞洲英租界的江风花影、上下杭的林荫小道、对岸烟台山教堂的晚钟里，无不留下沉吟诗词的佳人倩影；元记茶行的花窗上，可见佳人远眺闽江风帆点点。在朝夕相处中，吴庭元不禁被这样一位知书达礼的大家闺秀，一位集美貌、才华于一身的当代知识女性深深吸引，喜欢她吐气如兰，喜欢她翰墨风雅，更喜欢陪着她做她喜欢的一切。虽然两人之间有学识和年龄的差异，但吴庭元毕竟也是叱咤商海、纵横茶界、富甲一方、驰名闽省的大茶商，丰富的人生历练，成熟老练的处世方式，殷实的财富和成功男士身上特有的气场，也吸引着情窦初开的少女之心。杨正国平安返回福州后，担任闽侯混成旅第十一旅副官，对吴庭元在危急之时能见义勇

◇杨坚与女儿高瞻的合照，高瞻的相貌像极了年轻时的母亲，青春漂亮（图片由吴赓俞孙子吴均提供）

为，使自己妻儿保全性命深表感谢，想要报答此次大恩，吴庭元乘机求婚杨云英，并签下招赘字约，终于达成这门亲事。结婚时，杨云英年方十六，婚后，夫妻感情良好，并住到杨正国家中。1921年，杨云英生下女儿，根据吴庭元招赘上门的约定，女儿随母姓杨，取名桂珠。吴庭元与杨云英的婚姻虽然存在一定的年龄和文化背景的差距，但一个爱的大胆执着，一个爱的纯粹真挚，爱情终归战胜了世俗，一代富商终究赢得了一代女神。1938年2月，杨桂珠与比自己大24岁的高诚学在福州完婚。婚后的一天，杨桂珠要求高诚学为她改名，高诚学沉吟半天，说自己很喜欢"坚"字，认为凡事一定要坚强，对事业的追求要有坚定的信心，身处灾难中也要有坚定的信念。于是杨桂珠从此改名杨坚。杨坚的长相和性格都很像她的母亲杨云英，也和她的名字一样，是个坚强、聪明、优雅的女人。高诚学遇难后，她化悲痛为力量，含辛茹苦地将子女养大，继续高诚学未完成的心愿，一生未改嫁。

一个以茶致富成豪绅，一个名校农学科出身任县长，两人均对茶叶生产情有独钟；一个思想开放，经营理念先进，一个胸怀大志勇于改革。机缘巧合，吴庭元与高诚学在福安演绎了一段"翁婿之欢"的佳话。据史料记载，翁婿两人"均关心地方公益事业，对福安禁烟、乡自治、保护茶农利益等进步作出贡献"。高诚学（1897—1943），毕业于燕京大学理工学院农学科，一生阅历丰富，经历传奇。据《民国县长高诚学》记载，高诚学在担任福安县长之前"种过田，放过牛，当过传教士，读过法律，当过教师，上过燕京大学，下海打过游击，去过日本和中国的台湾、香港……"还是个"建设地方的水利专家"。1938年3月，高诚学怀着"出山欲作苍生雨，守土当为万里城"的济世理想，带着新婚妻子杨坚及部属走马上任，担任福安县长一职。赴任前，高诚学阅读了大量关于福安的书籍，专门研究福安的发展方向，认为"福安多山，要在山方面做文章，种茶叶、种桐树……"

福安是产茶大县，茶业不仅关乎地方财政，更关乎民生。1938年，受抗日战争影响，福安茶况萧条，茶价低落。高诚学3月上任，正值春茶采制，省立福安农职校校长张天福派学生前往晓洋、穆洋等茶区指导制茶，学生发现有些地方联保主任、保甲长存在向茶农抽取厘金的行为，于是反映给学校，学校立即呈报县政府。高诚学及时做出"严令制禁"的亲笔批示，有效遏止了此类现象，做了一件保护茶农利益的大实事。不管是受岳父吴庭元务茶的影响，还是名校农学科毕业，高诚学对茶产业非常重视，他把发展茶叶生产作为政府当前急务，依托福建农业改进处茶业改良场福安分场发展茶叶生产，采取创立茶业改良实验区、组织福安寿宁茶业生产合作社等措施，改良茶叶品质，提高茶叶产量。自高诚学出任福安县长的两年间，福安茶叶出产品质，已较往年优越，价值亦已提高，产量已有增加。1940年，高诚学兼任福建示范茶厂福安分厂厂长。1941年，为提高福安茶叶的市场竞争力，高诚学在盛产茶叶的棠溪创办模范制茶厂，并四处购买生产设备，聘请制茶专家庄重文担任厂长，邀请茶叶著名专家庄晚芳进行指导，茶厂办得颇有效益。1940年秋，高诚学认为"产茶之地办茶职校意义重大"，于是他以归田农场收入盈余，兴办茶职校，并兼任校长一职，直到1941年春，为福安培养了一批茶业人才。在高诚学的推动下，福安茶产业扭转颓势，复苏发展。

擅长农学的高诚学与经营茶叶的吴家结合，当数珠联璧合。1938年在吴庭元的支持下，高诚学在坦洋高山上开建"生命之渠"，引水灌溉，改良土壤，发展茶业生产。吴庭元也对高诚学的县治举措有所回应：关心地方公益事业，曾任坦洋乡自治会乡董、福安禁烟委员等。高诚学建设福安县的另一个宏伟计划，也是得到吴庭元的支持才得以实施。高诚学用吴庭元当年陪嫁赠送的那块地皮（含荡岐山庄和现市农科所地界），在溪柄荡岐山创办了一个现代农场。现代农场按照日本农场模式经营，盈利后以场养场，以场养校。高诚学为现代农场取名"归田农场"，取"解甲归田"之

◇高诚学（居中者），1938—1945年担任民国福安县长（图片由吴赓俞孙子吴均提供）

意，借以表明自己"无意当官做老爷，一心致力于地方生产建设"的初心。妻子杨坚也深明大义，在父亲吴庭元的支持下，将父亲赠予自己的每年300担稻谷田租的嫁妆给农场做经费。高诚学聘请专业人才来管理农场，小部分栽种粮食作物，大部分土地则栽种果树等经济农作物。"归田农场"获得了巨大成功，成为农业科学试验基地。福州《中央日报》曾以"归田农场冠全省"为题进行报道。女婿高诚学死后，吴庭元满怀悲伤。他尽一切帮助女儿，想把女儿杨坚留在坦洋，和他一起生活。奈何，福安处处都留有丈夫的影子，伤心人自然不肯留在伤心地，杨坚执意离开，回到了高诚学在福州平潭的老家。

高诚学上任不走"官途顺达"的福安南门，而是选择"民生如东升的旭日"的东门，下乡不坐"官老爷"的竹轿，而是选择"接地气"的两条腿步行，这样的不凡举动也正是其一生传奇的注脚。高诚学在福安任职5年间（1938—1943），在复兴茶业、重视农业、修筑水利、兴办教育外，还曾有过种植桐树、茶油树等数万株，创全国植桐之最；筹建炼油厂，炼制出闽东第一桶优质桐油，以赚取外汇，支持前线抗日作战；举办闽东第一届运动会等创举。当地有顺口溜形容："高县长一双草鞋，两条腿，一把锄头，一根扁担，跟着我们一起干。"后人用"政绩冠八闽""至诚亲百姓"予以评价。

6.九赓承"元记"，盛世续辉煌

考察吴庭元和元记茶行的发展历程，既有个人之踔厉奋发，也有时代之浪潮奔涌。自其赓承祖业，创办元记茶行起，直到1947年去世的近45年间，在福安茶业发展的长河里，算是机遇多于挑战、发展多于守成的好光景。据统计，1899年至1949年，从三都港中转出口的茶叶占福建出口茶叶的47%—60%。在福安茶业总体发展的大背景下，吴庭元和元记茶行从坦洋一路开疆拓土，出赛江、经福海关、过闽江来到福州苍霞洲，再一路乘风破浪，停泊在美丽繁华的香江之畔。元记茶行带着坦洋工夫经三江、通四海，直挂云帆，穿过泰晤士河，迳达英国王室的午茶时光。风起坦洋，香飘世界。吴庭元也好，元记茶行也好，他们只是几代福安茶人、几辈坦洋工夫茶业家族群体的浓缩与写照。正是他们的接力奋进、赓续传扬，

◇《"元道九赓"图》: "元记茶行"在经营历程中积淀出的制茶之道、经商之道、为人之道，谓之"元道"。其蕴含的初心及精神力量，成为后人赓续弘扬元记品牌文化核心

才使得坦洋工夫的过去、现在和未来，生生不息。

"人既发扬踔厉矣，则邦国亦以兴起。"（鲁迅《坟·文化偏执论》）诚如鲁迅先生所言，人民精神振奋，奋起拼搏，那么国家也会跟着兴起，反之亦然。纵观吴庭元的一生与"元记茶行"的沉浮，谋事与成事、家运与国运，盛衰交替。光阴荏苒，进入21世纪，福安市委、市政府倾力重塑"坦洋工夫"品牌，复兴这一百年名茶。2018年，"坦洋工夫"名列福建农产品十大区域公用品牌第1名；2019年"坦洋工夫"入选中国农产品区域公用品牌；2022年"坦洋工夫"申世遗成功；2023年"坦洋工夫"品牌价值71.46亿元。乘着改革开放的春风，吴氏后人复兴家族茶业的脚步从未停息，如今，吴氏茶业"坦洋工夫传统技艺"已经有了第九代传承人，而赓续"元记"、复兴吴氏家族茶业荣光、重现"坦洋工夫"辉煌，这不仅是一代代吴氏后人的梦想，也是一代又一代闽东茶人的梦想。

元记九赓，赓续辉煌！

参考文献

①叶乃寿主编：《宁德（闽东）茶叶志》，福建人民出版社，2004年。

②李步泉主编、缪品枚编：《闽东茶叶历史文化》，海峡书局，2015年。

③陈鸣銮：《福建福安茶业》，福安县立职业学校茶场丛刊第一种，民国二十四年（1935年）。

④《福安市茶业志》编委会编：《福安市茶业志》，1996年。

⑤李健民编著：《八闽茶韵·坦洋工夫》，福建科学技术出版社，2019年版。

⑥李健民：《赛岐纪事》，海峡文艺出版社，2015年。

⑦唐永基、魏德瑞编：《福建之茶》，福建省统计处，民国三十年（1941年）。

⑧高瞻、吴金泰主编：《民国县长高诚学》，海峡书局，2013年。

⑨杨坚口述、吴景晨整理：《典藏元记茶行》，《茶缘》，2009年第3期总第27期。

追忆似水年华 第二辑

坦　　洋　　工　　夫

第一章 老建筑：辉煌过往旧容颜

1.真武桥（凤桥）

真武桥原称凤桥，是坦洋的形象建筑。

该桥始建于乾隆二年（1737）十一月，落成后不久，被大水冲垮。

咸丰十一年（1861），真武桥重建，没过多久，又毁于一场大火。

光绪二年（1876），再次重建，重建者施光凌是个武举人，大桥落成后，为了桥的平安，武举人在廊桥中间造了一座神龛，专门请来真武大帝坐镇其中。真武大帝是位很厉害的大神，手中掌握有龟蛇二将，既管辖北方，又掌控水火，因而被当地百姓奉为保护神，此后，每逢重大茶事或盛大节日（如：茶市开市、农历三月三、五月五），茶农们一大早就

◇真武桥是坦洋的象征

◇摄于王氏家族第二座建筑的回楼。旧时一般茶商的楼宇多为三层结构，只有少数茶商才盖到四楼

会摆上丰盛的供品，燃烛烧香，以示隆重祀奉。就这样，真武桥由一座普通廊桥升华为一处独特的神祇，这种集路桥、街亭、庙宇于一体的现象，构成了当地十分别致的茶文化景观。

光绪二年（1876），再次重建，重建者施光凌是个武举人，大桥落成后，为了桥的平安，武举人在廊桥中间造了一座神龛，专门请来真武大帝坐镇其中。真武大帝是位很厉害的大神，手中掌握有龟蛇二将，既管辖北方，又掌控水火，因而被当地百姓奉为保护神，此后，每逢重大茶事或盛大节日（如：茶市开市、农历三月三、五月五），茶农们一大早就会摆上丰盛的供品，燃烛烧香，以示隆重祀奉。就这样，真武桥由一座普通廊桥升华为一处独特的神祇，这种集路桥、街亭、庙宇于一体的现象，构成了当地十分别致的茶文化景观。

◇古代坦洋村，龙凤二桥为一重要景观。图中近景为龙桥原址，远处为凤桥（真武桥）

2. 龙桥（遗址）

该桥与真武桥几乎同期始建，也是一个纯木质结构的廊桥，20世纪40年代初，被山洪挟来的一棵巨树冲毁，当时正好有一位少年路过桥上，惊心动魄地见证了此事的整个过程。这个少年人如今已白发苍苍，他是胡姓后人，名叫胡文墀，回忆此事，他至今心有余悸："我发现不妙，就拼命跑开，当我刚逃离桥面，'轰'的一声，桥就塌了！"

眼下我们看到的石桥，是在其原
址上修建的，位置一模一样。

当年，龙桥与毗邻的凤桥，双双
构成当地特色景观——龙凤二桥。

◇坦洋村内的天后宫，内供有妈祖娘娘，村民习惯称之为妈祖庙。

3. 妈祖庙（天后宫）

坦洋村天后宫建于清道光三十年（1850），重修于光绪二年（1876年）。初建费用来自当年坦洋工夫红茶的税金，后期重修费用均由当地胡、施、吴等姓氏茶商共担。坦洋天后宫的建筑形制类同于建于福州城内的福安会馆天后庙。当年坦洋工夫行销海外，人们祈求妈祖保佑水（海）路一路平安，故特地从福建莆田湄洲岛的妈祖请灵分香，当年分香时，沿途所到之处，一路都有信众隆重迎祭，整个过程长达 3 个月，场景颇为壮观。

4. 胡氏宗祠

该建筑始建于清乾隆八年（1743），光绪年间重建，属二进三天井五开间格局，建筑面积为1800平方米。是坦洋最主要的礼制建筑之一，位置处于胡姓聚居地的核心地带，是坦洋古村落规格最高的公共建筑。

◇坦洋胡氏宗祠

◇坦洋胡氏宗祠内的"文魁"牌匾
颂扬的是清光绪辛丑科文举人胡国宾

◇农历四月廿二，是坦洋胡氏家
族敬祖的日子

5.施氏宗祠

　　该建筑始建于清咸丰年间，位于天后宫西边的老街上，近年再次修整。建筑颇有特色，院中有院，前院为南北朝向，内有花园、施光凌塑像；内院为宗祠大院，里面有祠堂、戏台，周雕梁画栋、流金溢彩，整体建筑十分精美。

◇坦洋施氏宗祠的"武魁"牌匾，颂扬的是清咸丰壬子科吴举人施光凌

◇通过施氏宗祠戏台边上的八角窗看祠堂内景

◇坦洋施氏宗祠

6.丰泰隆茶行

◇丰泰隆茶行外围护墙

这是坦洋目前保留最完整的茶行建筑，建于清同治年间，三层结构，二楼和三楼做萎凋，一楼做发酵和烘焙，楼高十几米，楼宽有50米，烘焙间可摆放近两个焙笼，整个建筑物气势宏大，为坦洋工夫茶文化的象征性建筑和最重要文物之一。抗日战争期间，闽东著名的三都中学曾迁移至此（有资料说是福宁中学，据当地83岁的老人王隆生回忆，应为三都中学）。

◇丰泰隆茶行。该茶行建于清咸丰年间，是目前唯一保全完好的坦洋古茶行

◇炮楼向外伸出的窗口有特殊作用，窗户下面是秘密枪口，可以射击炮楼墙根下的死角

7. 炮楼

炮楼是坦洋的财富象征，用于防匪入袭抢劫，大多数建于20世纪初，据老人回忆，旧时坦洋炮楼林立，从上街到下街，从山后到溪前，环村分布的炮楼多达12座，现在仅存3座，有址可寻的地方，还有6处。

◇位于溪边的炮楼

◇炮楼的枪眼

◇位于天后宫旁边的炮楼

8. 王家建筑群

王家建筑群共有六座大院，第一座大院（最早建的一座）建筑早年遇火，后人在其基础上加盖新房，现在仍可看到其旧墙体，第二座大院建筑建于清乾隆末期的丙午年（1846），建筑群坐西朝东，一个T形小巷把整个建筑分为三个方块。第二座大院为四层结构，这是坦洋楼层最高的建筑之一，这种高度也是王家实力的表现，说明王家茶业做得很好。这些大宅的建制被人称为"六扇八廊庑"，每座均由6间堂屋和8个厢房组成，有宽敞的天井、回廊、鱼池、花坛，雕梁画栋，古色古香，极尽奢华，每个大厅都能容纳10桌酒席。后建的九座大院被人称为一先堂、二生堂、三光堂、四达堂。

◇王家大院内的鱼池，池水清澈，金鱼欢乐

◇王家第二座建筑(二生堂)大门背后墙头的文字,其落款处的"丙午"二字表明该大院建于1846年,距今已有177年历史

◇王家五先堂厅堂右侧窗户,上书。"小楼容我静",这表明主人的淡泊之心

9. 施家建筑群

施家建筑群目前由六座大院、一家茶行构成，历史上规模更大，甚至还包括附近的一座炮楼、一家磨坊。

◇施氏建筑群览胜

◇图中的石锁，重达 300 斤，是武举人施光凌的练功器械。当年施光凌早晚两次练功，每次练功时，将其平举起来，在院内绕天井走 6 圈。石锁后面坐着的长者，是施光凌的重孙（第四代后人）施继康。

◇施氏某大院全景

10.胡家建筑群

　　这里说的胡家建筑群，是指天后宫附近胡兆江后人的建筑物，目前由两个炮楼、多处大院构成，这里的宅院，营造极其坚固，厚墙刀枪不入，交错构筑的房基更难以撬动，曾令无数山匪望而兴叹、无可奈何！其整体布局恰如堡垒，固若金汤，其核心地带（如图），还有秘密水井、粮仓、弹药库，难怪从前的税务局（厘金局）也夹塞其间，以图自身安全。

◇老街

◇胡姓某大院的防卫门

11. 老茶厂

　　老茶厂建于20世纪50年代初，占地面积近10000平方米，现在原貌依旧，不过最值得回顾的，是茶厂空荡荡的二楼：那些弃用后码成高墙的旧茶箱、那些寂寥的萎凋架子，还有柱子上的旧标语。那些标语说的，都是一些关于做茶的要求，絮絮叨叨，让人回到茶香四飘的从前……

◇老茶厂二楼，左边下垂的竹坪，是做茶青萎雕的

第二章 建筑细节：细节背后有乾坤

1. 义门

　　这个建筑原属于茶业世家郭氏家族，后转手到茶业大户李姓人家。这个宅院大门里面，有一处平时不开启的门挡住了外人的视线，这叫义门。这种建筑细节，在坦洋村很少见，已知的另一个义门在天后宫东面的一处胡姓宅院内。

◇郭家大院的义门。该大院后来转手给李姓人家

◇某胡家大院内的义门

2. "龙凤福"

这个"福"字，嵌于一胡姓人家深门内院的天井墙上，由一凤一龙一茶壶构成一幅罕见的"福"字，喜称"龙凤福"（取"壶"字与"福"字谐音），这幅珍贵的"福"字，极富茶文化韵味，安在坦洋胡姓人家，算是恰当极了！

3. 踩脚石

此为入室的踩脚石，雕工精美，十分少见。

4. 木墙花

这种花形木饰，在坦洋较为常见，可是现代人往往不知其用途。原来，这是用来压住字画的镇纸，免得字画被风掀起。

5. 猫儿洞

大路朝天，各走一边，人有人道，猫有猫径，这种人性化的建筑细节，尽显坦洋茶人对万物的珍爱。

6. 女儿窗

在坦洋，每进一家大宅院，站在大厅面对大门的时候，一抬眼，稍加留意，就可以看到大门上这种或圆或方或八角的小窗，这叫"女儿窗"。旧时礼制讲究男女授受不亲，家里来了男宾，未出阁的女儿们是不能在客厅里见人的，只能悄然登临这样的小窗跟前，暗中看人家一眼。

7.下水孔

大宅院的天井地下边缘，都有下水孔，用来排放院中积水，有趣的是，这里连排水孔往往都做得很好看，像花窗一样，富有艺术韵味，这反映了坦洋人不俗的情趣。

8.鱼牌

　　坦洋的大宅子，其房顶"人"形侧面上，往往都悬有这样的牌子，上有双鱼文饰，俗称鱼牌。这鱼牌有典故，据说当年村里住着一个特殊人物，他是东海龙王的娘舅大人，每年鱼汛季节，东海龙王总要带上一些新鲜的海鱼来山

◇金粉木饰

◇铜制门锁

◇漂亮的窗饰

村孝敬舅舅，不过做舅舅的受益了，乡亲却遭殃了。龙王飞临的时候，带来了狂风暴雨。这位做舅舅的过意不去，不忍心看着左右邻里因为他一人的好处而受害，于是就想了办法，在自家屋顶上挂起这样的鱼牌，第二年龙王来时，这个舅舅就跟龙外甥说："以后啊，你就别再老远地从东海赶到这偏僻山村给我送鱼了，你从前送的那些鱼货，我都制成了鱼干，瞧，连房顶都挂满了，只怕我一辈子都吃不完了！"龙王听了，信以为真，于是不再给娘舅大人送鱼了，村里从此风调雨顺。

此鱼牌后来成了吉祥饰物，有钱人家造大宅时，总要在房顶上挂上这样的鱼牌，以祈求上苍保佑。

在坦洋，类似这样的建筑小细节还有很多很多，也许这些小细节在其他地方也较为常见，笔者在这里专门提及，主要还是为了表明，当年坦洋工夫不仅造就了当地人的富足，还带来了丰富多彩的文化。

坦洋工夫，真好！

第三章 青苔老街：追忆似水华年

史书有这样的记载："同治五年（1866），坦洋又设茶税局，由省委员督办。"区区数语，足以表明清代坦洋茶业多么繁荣、茶乡多么富裕。

当年坦洋繁荣的盛景究竟如何？王隆生老人曾这样回忆他的儿时所见："那时，老街热闹极了，路边几乎都是店面，除了四处分布的几十家大小茶庄，还有各种各样的店铺，如当铺、银楼（打造金银饰品的）、客栈、杂货店、布店、染坊、酱园、鱼店、盐铺、牛骨铺、饼厂、磨房、油坊、中药铺……路的两边，时常还站满了卖茶青、茶叶的小茶农，那些装茶的麻袋几乎把路都堵住了。那时，我们这些小孩子，往往都是踩着那些麻袋才能走过去，茶农们一般不敢说

◇老街右边的门洞内，是旧时大名鼎鼎的厘金局（税务局）所在地。这面墙上原有商业街交易窗台，商业街没落后，为安全起见以黄土填上。

◇昔日老街。当时街上人群熙熙攘攘，卖茶青的、卖其他山货的，孩子们要想走过这条热闹的商业街，往往会踩着路边的货物。

◇ 84 岁高龄的王隆生老先生在深情地回忆他的童年岁月

我们，因为我们这些孩子几乎家家都是开茶庄的，谁敢得罪？"说着，王隆生老人的脸上露出孩童般的笑，那是淘气！

老人还回忆到一个关于外来乞丐乞讨的细节："乞丐用茶树的枝丫作道具，上面系满小铜钱，到人家门前要钱时，往往不说话，只需将树枝一摇晃，上面的铜钱就叮当地响，这么吉祥的声音，谁会拒绝？再说，我们坦洋人，那时真的有钱啊！"

下面这张坦洋旧地图，是笔者根据多位坦洋老人的回忆而大致描绘的：

◇长满青苔，路过的人几乎总是街边那些不多的住户。左侧的建筑，是临水宫

◇这是油坊的大磨，早已荒废了

◇从前坦洋号称"小福州"，连典当铺也有。这些竹简，是施姓人家当铺的典当凭证

◇夕照中的老街依稀漫着当年的辉煌

◇追忆的思绪像是从老宅子散发出的炊烟

◇这处大门紧闭的老宅，从前曾是显赫人家

◇上街溪边小路，远处石桥左边的老建筑，从前曾是一家不小的茶行，还有一座炮楼，不过如今已经消失了，只留在坦洋老人的记忆中

茗茶美器，坦洋茶韵

坦　洋　工　夫

第一章

茶业古董：流转的坦洋茶韵

坦洋是个极有底蕴的地方，这种非凡的底韵，我们可以通过老建筑的豪华建制而略见一斑，或于古董老物件的小细节之处，以小见大，看到坦洋当年绚丽多彩的茶文化。这里仅列举几类古董级的小东西，如老银箱（桶）、老茶票、老茶壶、老工具、老茶灯……下面一一道来：

1. 老银箱（桶）

在很多关于坦洋的书籍或文章中，都曾提及当年的坦洋盛景：当年坦洋工夫在海外甚受欢迎，外国茶商往往要先付足够的订金才能订下来年的新茶。每年农历二月二前后，坦洋的茶商们就纷纷前往福州，向各国驻华洋行收取相应的"茶银",然后在武装护卫下将这些巨额茶银运回坦洋,再发放到茶农手中。大的茶商向茶农发放"茶银"时,甚至需要动用70多人。这些挑夫挑着140多桶(每桶装1000块)银圆,在民兵团荷枪实弹的武装护卫下,浩浩荡荡,从坦洋挑到周边其他乡村一路分发给沿途的茶农。

　　上述装银的桶,是专用的,它们长得什么样?

　　这里有图片——最精美的银圆桶,要数右面这个。

　　跟银圆有关系的,还有银箱。

　　像这样的银箱,现在坦洋村里还能见到不少。

◇银箱

◇这是丰泰隆茶行的银圆桶，是坦洋村内能见到的最精美的。当年吴庭元回老家岭下村发放"茶银"，用的就是这样的银圆桶。

2. 老银票

坦洋的茶文化中还有一个有趣的物证，那就是茶票。茶票类似于现金证明，专门发给茶工，作为结算用。右图是两种坦洋当地的茶票，发行商分别是"同泰春""振泰兴"，二者都是当地著名的茶行，主人都是胡氏后裔。从前的坦洋，有专门设计印制茶票的。这种专业设计印制的行业，用今天的话说，就是广告设计公司或设计印刷公司，从前专事这种行业的，也是胡姓人家。

茶票是一种信用的象征，这不但说明茶商的信用很好，更表明当时的茶业很兴旺，让持有茶票的人对发行商有足够的信心。

茶票不但解决了一些茶商的现金流问题，也给茶农带来了方便。要是出门买大宗的东西，带上大笔银圆、铜钱肯定不方便，也不安全，那么有了茶票，需要用钱时，只需到附近的钱庄变现即可。

不过这些茶票也不是到处都能用的，据说其流通范围一般只限于附近的社口及福安县城一带。茶票也不是张张都能随时变现的，注意到上面那两张茶票中的小字了吗？其间写着："整拾角换通用大洋壹圆""整拾角换大洋壹圆"，这些文字也体现了生意人的精明——只有挣足10张"壹角票"，才真正有钱拿！如此看来，茶票还是一种促进劳动生产效率的管理工具。

坦洋茶票对周边地区的商业理念影响很大，远近的茶商或其他生意人纷纷效仿，这些银票，就是生动的佐证。

◇茶业世家后人李北朝在展示他珍藏的坦洋老茶票。这种面值"壹角"的老茶票，现在有人出价一万元他都不愿意出让

◇该组茶票原件由福安茶艺研究会副会长李立先
生提供，特此鸣谢

3. 老茶壶

坦洋不少村民，家中都藏有老茶壶，虽然不再使用，却不愿出让给外人，宁可尘封于昏暗角落、宁可让蜘蛛网深锁在寂寞里……这里面有着往日的温馨，还有过往的沧桑。

◇施姓人家铜制烧水壶，至少有百年历史

◇胡姓人家的铜制老茶壶，也有百年历史

◇这是小茶壶，品茶用的，比大茶罐考究些

　◇陶制古董级大号老茶罐，用以解渴，是普通人家的用品，早上泡好这一大罐茶，可以从早喝到晚

◇分茶筐。茶行将半成品定量放在此筐中，分给捡茶女工

◇坦洋茶农曾常用的竹制斗笠

4. 老工具

坦洋人对老祖宗留下的制茶工具怀有极深的情感，至今还能派上用场的，仍尽量物尽其用，仿佛与祖宗同在、与斯人沟通，共同事茶，无论是焙笼、茶筛、拣板，还是老茶箱，即便腐朽不堪，也要让其安居小阁一角，在宁静中消逝……

◇一种很特别的拣茶筐。拣好的茶，从中间的方口落往下面的容器。这种工具如今在坦洋非常少见，是一种较珍贵的茶文物

◇称茶的老秤砣。主人家姓胡

◇这是一种高腰焙笼

◇藏在阁楼中的旧焙笼

5. 老茶灯

坦洋村里，有一种很有茶文化味的古董，那就是老茶灯。

右图是一盏较为常见的茶灯，从材质和造型上看，不是一般茶农用的，当属于茶商人家的用品。

◇施姓家族的精美茶灯

中图这盏灯却是普通人家用的，从其造型上看，它的燃料一定不是煤油或其他植物油，极可能用的是生石灰。生石灰放进这个细嘴大肚灯具的燃料容器里，会产生可燃的乙炔气，点起来又明亮又持久。

还有的茶灯造型非常漂亮，尤其是灯罩玻璃上面的图案，精美得不行，让人一看，就会觉得这一定来自殷实人家。

◇茶商人家使用的茶灯

更多的茶农用的是自制的竹灯，叫火篾，这种灯是用土疙瘩做底座，以竹为燃料把竹子劈成手指粗的条子（坦洋人称之为竹篾），放在水田里浸泡上10天左右，再取起晾干，备用。将竹篾泡在水田里

◇茶行照明灯，里面的燃料是生石灰，加水能产生可燃的乙炔气

是有讲究的，这样竹子会燃烧得较彻底，不会往地上掉余烬，从而避免火灾隐患。

当今的坦洋村还有另一种灯，一种活生生的灯，那就是几位年逾古稀的老者，他们身上，闪烁着迷人的人格光芒，或仁义、高洁，或睿智、执着，或深情……

仁义如施继康老人，现年75岁，属坦洋施氏家族第十一世，是施光凌的第四代传人。施老茶技高超，有诸多独门心得，每当后辈茶人向他求教，这位笑容可掬的老茶人总是有问必答。

高洁如王隆生老人，现年84岁，坦洋工夫老字号祥记、宜记的后人，曾蒙冤被劳改、流离颠沛、坎坎坷坷大半生，却痴心不改，依然秉持茶性，言行清雅、衣着整齐，尽显优秀茶人之后的高洁之风。

睿智者如胡文墀老人，现年72岁，传奇人物胡开轩之后，他虽然早已定居福州，却时时心系坦洋。他对坦洋的热爱，更多地表现在对历史真相的追求，同时敢于纠正谬误。身为胡氏名门之后的他，面对家族中的误传，他敢于毫不客气地批驳："吹牛，这不是历史事实！"这位精力饱满说话有力的老人，他身上所呈现的理性，恰如明灯，让后人看到一种睿智之光。

执着如吴润民老人，他年近七十，是20世纪三四十年代坦洋著名大茶商吴庭元的孙子，尽管家门屡遭不幸：两个叔叔被错杀、一大片茶行遭火灾；尽管在生意上曾被人骗走几乎全部身家；尽管祖上的"元记"字号被人抢注，这位不爱言语的老人，如今还在用行动表达他的意志——继续埋头做坦洋工夫，而且还要建新厂、还要

◇王隆生老人与太太相濡以沫 60 多年

◇胡文墀老人

◇吴润民老人与其弟吴均在制茶

◇胡启如老人在宗祠后院

◇他们,也都是坦洋村里的老茶灯……

做得更好！深情如胡启如老先生，他现年78岁，是坦洋胡氏家族著名的英祖子孙，年轻时做过茶、从过艺，尽管年事已高，还一直热心于茶文化的挖掘工作及茶乡的其他公益事业。这位满面红光的老人，十分健谈，身上充满了激情，当他独自面对祖先留下来的人文遗产，眼里往往就会情不自禁地流露出一股缠绵千秋的深情……

他们，也都是坦洋村里的老茶灯。

第二章

工艺流程：精心极致的传统工夫

工夫者，精心极致也。坦洋工夫之所以有那么优秀的品质，从其传统工艺流程，就可略见成因。坦洋工夫的传统工艺一开始就严格把关，收茶青时，按茶青品质的不同或收青时间的不同（如早青、午青、晚青，或当天青、隔夜青）分类归堆。做哪种等级的茶，就选用相应的茶青，从不用不合格的茶青以次充好，不急功近利，不欺诈外行，诚实做茶，精益求精。

坦洋工夫的制茶工艺的具体流程如下：

◇茶农在摘茶

1.分青

分青就是收茶青时将其分类归堆。收茶青时，按茶青品质的不同或收青时间的不同（如早青、午青、晚青，或当天青、隔夜青，或大毫茶还是小茶）分类归堆，这样做不但是为了便于科学萎凋，也是为了确保茶叶品质。

◇分青

2. 萎凋

　　萎凋就是茶青脱水的工序，俗称晾青，这是为了初步祛除水分，使茶叶变柔软，以便揉制茶叶条形。传统的萎凋方法是自然萎凋（现代的萎凋有三个方式：自然萎凋、人工萎凋、加温萎凋），就是将茶青放在室内晾坪自然晾干。自然萎凋的时间一般在24小时左右，最长不能超过48小时。

◇萎雕

3.揉捻

揉捻是初步制作茶叶条形的工序。古人最早用脚踩的方式揉制条形，木制揉捻机发明后，就改由这种机器制作条形。揉捻的磨压力要根据萎凋后茶叶干湿及老嫩程度而定，茶叶若偏湿，磨压力就得小点，茶叶如果太干或太老，那么磨压力就应当重一些。正常的揉捻时间一般掌握在1—1.5小时（天热时揉捻时间则须相应缩短），湿度控制在90%—95%之间，温度以25℃为宜。

◇揉捻

4. 发酵

发酵是为了使茶性发生变化，以达到祛除茶叶苦味、产生茶叶香气的目的。传统工艺中的发酵非常有讲究：同样的茶青，要分出上段茶（嫩叶）和下段茶（粗叶），分开发酵；发酵的环境要通风、干净；发酵时茶叶铺陈的厚度不能超过10公分；发酵温度应控制在20℃—30℃之间；发酵湿度应在90%以上；发酵时间则要根据早、中、晚而定，一般在3.5—4小时之间。发酵时间如果过长，除了会影响茶味，茶叶颜色也会变黑。传统工艺做出的新茶，往往有一种青草味，这是坦洋工夫的特质之一。有人不以为然，觉得这是一种欠缺，殊不知，有经验的制茶师，从来都不把发酵做得太足。有句行话说："宁可稍微不足，不可发酵太足"，这是有道理的，因为作为红茶，坦洋工夫在做成以后，自身还会继续自然发酵，如果前面发酵做得太足，新茶做成时，也许好喝，可是没法久放，一久放，发酵过足，就不好喝。

◇发酵

5. 初焙

　　初焙就是茶叶的初次烘焙（该流程有别于后期的复焙，即复火，这是为了进一步控制祛除茶叶中的水分，并稳定茶叶香气。初焙的温度为100℃—120℃之间。传统工艺对焙火的用炭非常讲究，必须用原茶树的树根所制的木炭，这样才能保证坦洋工夫的品质。烘焙的焙笼是特制的，每个制茶家族都有专用的焙笼，代代相传，如同各家制茶秘技。烘焙后，要摊凉40分钟后方可进入下一道工序。

◇初焙

6. 上拼配

上拼配又称毛茶拼配，指的是初焙后毛茶的拼配（坦洋工夫的传统工艺中，有一种工艺很少被人提及，那就是制茶过程中的拼配技艺。拼配分上拼配和下拼配，下拼配指是半成品茶叶的拼配），将初焙好的不同批次茶叶，按相近品质拼配起来，以初步达成不同等级茶叶品质上的一致性。这是茶叶粗制阶段的一种精制，表现出坦洋工夫工艺之精致。

◇筛分筐

7. 筛分

筛分是为了初步祛除茶叶杂质及粉尘、并整理茶叶外形。这个流程拉开了精制序幕——筛分。茶叶经过筛分，宛如佳人撩开面纱，始露可爱的娇容。筛分有专门的工具：筛分机、筛分筐。

8. 拣剔

拣剔是为了拣掉茶梗及其他残留杂物。这一道非常细致的纯手工活儿，一般由心细的女工来做。拣剔有一种专门的工具，是一种特制的黑色漆板。相对于乌黑亮泽的茶叶，茶梗的颜色偏浅，拣剔时抓一把茶叶放在漆板上，色浅的茶梗就难逃好茶女那一颗细心和一双明亮的大眼睛——眼到手到、手到擒来，一把捕获就扔到一边去！

◇拣剔

◇精制过程的拣剔，要放在漆板上做，这样容易辨识杂物

9. 复火

复火又称为复焙，这是一道提香工序，技艺高超的制师，往往能通过这道工序弥补前面加工过程的某些不足，让茶叶呈现出迷人的香气。复焙时，焙笼放上炭锅后，在这道工序完成之前，绝对不能随意挪动焙笼或翻动其中的茶叶，否则会毁了这笼茶，前功尽弃！这话，外人尤其要切记心头，哪天要是有机会到现场参观，千万不可因为好奇心而去乱动人家的焙笼，不然，可会遭到主人家的责难哦！

◇这是存放 20 年的老茶样品

10. 下拼配

下拼配又称半成品拼配，茶叶经复火后，不同批次的半成品茶叶，根据相符的品质，进行再次拼配，以便后面精制时，更好地分等级。有经验的制茶师十分注重下拼配，其间的细节做得是否到位，不但关乎一批茶的品质，还涉及一个茶人的名声。做茶的工艺过程很多人都会知道，但是怎么做出好茶，这里面的奥妙之处就不是常人所能轻易掌握的。

11. 匀堆

匀堆是一道精制工艺，就是用孔眼尺寸不同的筛子，筛出不同粗细的茶叶，分等级归堆。匀堆用的筛子共分12号，号数越大，筛出的茶叶越细，条形等级就越高，比如，10号筛才可能筛出一级茶；11号筛才可能筛出特级茶；而12号筛整理出的，则是不入级茶叶碎，但茶师们往往舍不得扔，因为茶碎是精华，只是不耐泡而已，留着自己喝，品的是用心下足功夫做人间上等好茶的成就感！

◇用 10 号筛精筛

第三章 工夫品赏：佳茗佳人两相宜

茶叶是用来喝的，因此口感最重要。

茶叶又是用来品的，因此其他的因素也很重要。

评审一款茶，一般由六大因素见高低：

1. 色泽

正宗的坦洋工夫，其外观乌黑亮泽，一眼望去，令人赏心悦目。

2. 条形

愈是上品的坦洋工夫，其条索愈加紧细，而且十分匀整，有顺滑之感，捧在手心，犹如金丝玉帛在握。至于那些条索粗松、匀齐度差的，等级就较差了。

3.香气

　　传统的坦洋工夫，其新茶往往有一种迷人的青草香气。坦洋工夫红茶的香气分为三种类型：青草（苹果）香型、桂圆香型、兰花香型。它们的等级，愈往后愈好，其中的兰花香型，十分难得，因此弥加珍贵。需要特别说明的是，坦洋工夫红茶的香气，都是凭借制茶师的技艺，从茶本身提显得来的，并不像花茶的香气那样，借助于其他花香窨制。不过也有一种特殊香型的坦洋工夫红茶，是借助于外物香气的，那就是松香型的坦洋工夫。说起来，松香型的坦洋工夫是一款"将错就错"的另类茗品。清朝时坦洋工夫大量出口英国，当时的物流方式是航运，而茶的包装箱往往是用松木制作的。有一回在运输过程中，船舱进水，茶箱受潮，这批坦洋工夫透进了松香味，一般美说，这批茶算是废了，可是英国人验货时，却被一股闻所未闻的茶香给迷住了，认定这是一款特殊的坦洋工夫红茶，后来就指定要这种香型的茶，于是坦洋工夫红茶的家族中就又添了一种佳丽茗品。

4.汤色

好的坦洋工夫红茶，其汤色总是那么红艳透亮，宛若妙龄少女透出娇美的羞色。茶杯内茶汤边缘形成金黄圈的，为上等汤色；汤色欠明的，为次等；汤色深浊的，则为劣等。

◇初泡的坦洋工夫，汤色鲜亮，有黄金般的贵气

5. 滋味

　　品茶、品茶，最主要品鉴的还是茶是否好喝。好的坦洋工夫，滋味醇厚，入口柔和，一口下去，不但回味甘美，还有一种沁人心腑的冰感挂在舌尖，而舌根两腮，早已进入"采菊东篱下，悠然见南山"之胜境。茶若有苦味并不要紧，只要有回甘就好，苦茶可能是因为泡得太浓的缘故；茶若有麻涩感，那麻烦就大了，因为这一定不是好茶！

◇当地茶农用漆盘看茶底，既是欣赏，也是学习

6.叶底

评判一款坦洋工夫是不是够好，还要看叶底颜色。好茶的叶底总是呈古铜色或青铜色，而那些看上像铁锈的叶底，茶质就逊色许多。

第四章

茶艺茶具：工夫之外也精彩

1. 茶具

好马配好鞍，佳茗还须雅茶具。品饮坦洋工夫，最好选用白瓷茶具。泡具最好用盖瓯（碗），便于去沫、闻香、鉴赏叶底；饮杯尽量小点，小而精，以便细品真味。

如果注重品饮的浪漫情调，也可采用玻璃器皿茶具。对于痴迷坦洋工夫汤色之美的人而言，晶莹剔透的上好玻璃茶具，那就是再好不过的选择了。

◇绘有红牡丹的茶具，
显得坦洋工夫国色天香

◇青茶瓷茶具，十分古典

◇白瓷若美玉，品茶韵味深

2. 茶艺及其典故

喝茶不是简单喝水，品茗品的是传统文化。品饮坦洋工夫的每个过程，都深含浓浓的茶乡文化。

事前准备：取茶5克，放入盖瓯中。这样的茶量适于三五个茶友品饮。

①玉潭揽月：净杯，用开水洗净茶具。

典故：茶乡坦洋村清溪中段，现坦洋公园桥底下游附近，原有一口深潭，深达数丈，农历八月十五前后的日子，明月映在其间，为当时村中一胜景，煞是好看。有雅兴的茶人，会在溪畔的桂花树下边品坦洋工夫红茶边欣赏玉潭月色。

◇茶为圣洁之物，容器亦先清净

②皇后沐容：洗茶，用开水冲洗一遍红茶。

典故：相传从前东海龙王之子小白龙到白云山游乐，醉酒变蛇横躺路边，被赶鸭女苏小莲鞭打一顿，吸走龙气，无法恢复原形。龙王得知，只有让苏小莲成为闽王的妻子后怀孕生子，白龙王子才能投胎转世还原龙身。于是东海龙王命闽王娶苏小莲，接亲的御使发现苏小莲长得丑，心里很失望，但他又想这是闽王自己的主意，只好接人上鸾轿。不想途中竟发生了天大的奇迹，长相难看的新娘途经一平坦地界，洗脸更衣后，竟变得美若天仙。闽王得知原委，觉得那地方风水奇绝，便钦赐该地为"变洋"，因方言谐音，衍为"板洋"，后来又叫"坦洋"，不过至今还有当地人管这地方叫"变洋"。

◇茶艺之美，美在细节，一招工式，无不艺术

③云桂飘香：闻香，一手托起洗后的茶瓯，伸往客人面前，以另一手煽动瓯口，让对方闻得茶香，或让客人自行闻香。

典故：坦洋村到处都有桂树，花开时节，四处飘香，在溪边听流水乐章，品着上好的坦洋工夫红茶，多么令人心旷神怡啊！这样的好景致，不仅能惊艳视觉，而且还能感动嗅觉，堪称奇异风光，为坦洋十景之一。

◇倾心侍茶者，内心明净，所以举止便利落，注茶亦含清溪飞凤之美韵

④骏马登程：冲茶，水壶烧开后，提壶高冲，把开水冲入盖瓯，并使茶叶转动，以便均匀出汤。

典故："骏马登程"是坦洋十景之一。在坦洋的胡氏族谱中，有诗文专颂："何用千金冀北求，坦溪匹马胜骅骝。花开烂漫龙文耀，再洗淋漓珠汗流。常听鸾声鸣远岫，敢携骏骨卖燕州。他年朋辈鞭先着，跨到皇城衣锦游。"

◇茶艺之美，美在细节，一招工式，无不艺术

⑤玉笔金峰：刮沫，茶艺女用瓯盖轻刮浮沫，使茶汤保持清纯，呈现金峰挺秀的茶形。

典故：玉笔金峰，又名文笔尖峰，为坦洋十景之一，位于坦洋上方的谷口附近，山间树林挺秀美若玉笔，山顶奇峰沐浴阳光金碧辉煌。民间传说有云：锣鼓山上生娘娘，玉笔金峰生国舅。此传说中所言"娘娘"者，即为丑女变娘娘的苏小莲，玉笔金峰亦因此而闻名。

⑥清溪飞凤：倒茶，冲茶一分钟内，抬臂旋腕，将瓯中茶水依次注入并列的小茶杯里。

典故：古老的凤桥（即真武桥），飞龙走凤的屋顶，临河飞渡，彼岸山头枫红如火，这边山岭松桂相衬，凤冠凤尾自然成形，故坦洋人将此美景取名为"清溪飞凤"。

◇品好一份茶，让客人观赏茶底是必要的，一为尊重宾客，二为对方弘扬中华茶文化

⑦茗门瑰秀：看汤，观赏杯中茶汤的红艳程度，茶杯边缘形成金黄圈的，是好茶。其华美汤色间，泛着深厚的底蕴，其间不光有茶性之趣味，更有茶文化之菁华，雅称之"茗门瑰秀"似乎更为贴切。

⑧醉龙颜：品饮，先闻香，再细品，认定回感类型——是青草味、还是桂圆味，或是兰花香。其滋味之美妙，足以令天子醉朦胧。

⑨金鲤朝天：赏底，鉴赏叶底色泽，好茶的叶底总是呈古铜色或青铜色。

典故：上好的茶底，呈古铜色或青铜色，色泽透亮，有若金鲤朝天。"金鲤朝天"也是坦洋史上记载的十景之一，有诗为证："金鱼胜迹脱尘嚣，飞翔腾空岂寂寥。岫锁烟云虚趾甲，松翻涛浪似春潮。暂同东海鳌山驾，先让龙门锦鲤朝。养得潜鳞丰满后，一朝际会任冲霄。"金鲤朝天还是村中清溪间的一道趣景——当年每到产卵时节，就有大个金鲤从下游往上游去，游到深潭跟前，就会遇上一个河坎，这时金鲤往往就会奋力跃起，试图闯关，它们腾空跃起肚皮朝天的样子，让人看了无不为之动容！

◇一份5-6克的茶，适于三五个茶友共品赏

3.品饮技巧

①用茶量：正常品饮时，一泡坦洋工夫红茶的用量以5克为宜。

②出水时间：冲泡时出水要快，茶在瓯中不可久泡，久泡的茶苦味重。

③新茶的品饮：红茶也是明前的好，但若论品饮效果，新茶还是放上一两月后才会更好喝。

④最适饮温度：有经验的人知道，品饮坦洋工夫红茶，温度低点儿会更好喝，稍凉时再细品，品得的都是这人间佳茗最温馨、最温情之底蕴。

附　录

坦洋十景：底蕴数百年

坦洋是一处美丽的茶乡，一条清溪，闪着银光自东而西缓缓流淌，宛若一只玉凤徐徐滑翔过茶乡的边缘，临水的岸边，那些亭亭玉立的小树。不时散发出迷人的芳香，她们便是令人心仪的桂树。抬眼远望，是漫山遍野的茶树之绿，要是你稍加留意，就会感觉到远山的美色中蕴藏着异样的风姿，如果你的好奇心溢于言表，那么，热情好客的坦洋人就会为你一一指点远处的风光奥妙，并告诉你相应的美名：1.锣鼓争鸣；2.龟蛇遥望；3.云桂飘香；4.清溪飞凤；5.玉笔尖峰；6.骏马飞天；7.天台洞府；8.蒙井清泉；9.石门弄月；10.鲤鱼朝天。上述美称，就是流传百年的"坦洋十景"。在坦洋胡氏家族族谱中，有个篇章叫《坦阳（洋）即景》，其中

◇重峰叠嶂，连绵茶山，灿烂一美景，底蕴数百年

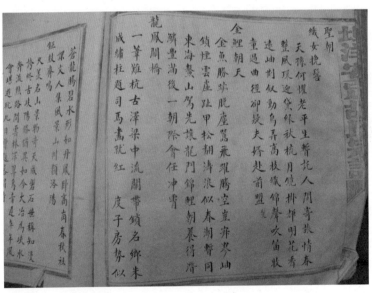

◇这是坦洋胡氏族谱，里面记录着坦洋美景

◇桃花掩映中的茶乡，处处皆入画。

专门提及坦洋的美景，共有8个景观——"蛾衔名斋""文笔尖锋""织女挽髻""金鲤朝天""龙凤关桥""锣鼓齐鸣""屏风叠嶂""骏马登程"。

假如我们稍加注意，就会看到其中的命名极具吉祥色彩，古人善于发现美景，这种富有浪漫情调的审美意识，往往是基于一种实用的美学，那就是著名的风水学说。

坦洋风光之美，甚至都让风水地理专家为之赞叹不已，据说330多年前，也就是清王朝的乾隆初年期间，村里的望族——胡姓人家想选址修建胡氏宗祠，就专门从江西请来一位著名的堪舆师，这位大师发现坦洋村南边一山岗坐拥奇异景观：清溪横贯，群峰叠嶂，视野开阔，鸟语花香，堪称世间难得的风水宝地。只可惜名花有主，这处宝地是当地另一望族的闲置土地，其后更有施姓人家先祖的墓地。眼看好事难成，这时胡氏家族中有人想起，新近正好胡家人正欲娶一施姓人家的女儿，于是这人就给准新郎的家长出主意，说是娶施家女孩时不要陪嫁，只要施家的那块地。施家人当时不知内情，嫁女时就把这块地作为陪嫁转到了胡姓人家名下。没过多久，胡氏家族就在这块地上大兴土木修起了宗祠，这个建筑物的高度将要高过施姓祖坟的视平线。施姓人家发现后，双方争执不下，后来就打起了官司。知县是个重法理的明白人，他看罢状纸，就跟施家人说："既然这地是陪嫁物，那么现在无疑就是胡家人的，胡家自然有权自行处置。"但这县令又是个通情达理的人，就建议胡家人理解施家人的传统意愿，将建筑物高度调低一米。胡家人当时口头同意了，可是事后还是

◇茶园中一支红得发紫的异草

◇一眼望不尽的坦洋茶山，谱就一言难尽坦洋历史

◇茶树之青翠，是坦洋最美的底色

◇坦洋施氏先祖之墓，
当年施胡两大家族的风水之
争，就是因之而起

按原规划行事，于是，在此后100多年的时间内，施胡两家人甚至一度互不通婚，多亏后来有了坦洋工夫，两个姓氏人家的关系才日趋缓和，胡家的胡开轩与施家的施光凌更携手并进，让坦洋工夫的名字叫响天下。

漫说这段旧事别无他意，只为赞美坦洋风光之美，令人艳羡。甚至有今人为之感慨："坦洋的好风光好风水不光让施胡二姓都蒙恩了，也让全体坦洋人都受惠了。"

◇当今坦洋工夫的施姓传人施继康先生与胡姓后人胡启如先生共研制茶技艺

后　记

　　乡村文化振兴是实施乡村振兴战略的路径和抓手。当前，福安以坦洋工夫为抓手，讲好乡村振兴的"福安故事""茶乡故事"，本书新版正当其时。全书分为十三章，通过丰富的历史资料、走访调查成果和实物展示，深入讲述了坦洋工夫历史文化，特别是吴氏茶业家族吴庭元和元记茶行经营茶业的历程，精彩更胜茶马古道。本书还梳理了诸多坦洋茶人为坦洋工夫发展作出的重大贡献，并分别作了客观评价，既肯定了他们对坦洋工夫作出的历史贡献，也表达了对福安茶人顽强拼搏精神的赞美，展现了坦洋工夫茶文化的独特魅力。

　　本书由江鹊主编，宁德职业技术学院教育学院郑裕忠及其团队负责本书第五章的编写与核对工作，其他图文均由周子俊提供。

2023年6月